Anastasia Shchurenko

Construir um ecossistema e uma infraestrutura para a confeitaria inteligente Livro 3

Anastasia Shchurenko

Construir um ecossistema e uma infraestrutura para a confeitaria inteligente Livro 3

Transformação inovadora do ecossistema e da infraestrutura de uma instalação inteligente para a produção de produtos compósitos

ScienciaScripts

Cover image: www.ingimage.com

This book is a translation from the original published under ISBN 978-620-7-47296-3.

Publisher:
Sciencia Scripts
is a trademark of
Dodo Books Indian Ocean Ltd. and OmniScriptum S.R.L publishing group

120 High Road, East Finchley, London, N2 9ED, United Kingdom
Str. Armeneasca 28/1, office 1, Chisinau MD-2012, Republic of Moldova, Europe
Printed at: see last page
ISBN: 978-620-8-25638-8

Anastasia Shchurenko

Livro - 3

Legenda

Construir um ecossistema inteligente de produção de produtos de confeitaria. Livro 3

Subtítulo

Transformação inovadora do ecossistema e da infraestrutura de uma instalação inteligente para a produção de produtos compósitos

Palavras-chave:

Regeneração de água, Reciclagem de água, Tratamento eletroquímico da água no processo de regeneração, Processo eletroquímico para iões de metais pesados na água, Fluxo de água através do volume do elétrodo, Tratamento de águas residuais industriais em confeitaria, Módulos de filtração combinados com permuta iónica e outros tipos de tratamento, Módulo de turbo-flotação aerodinâmica, Módulo de reator de tratamento eletroquímico, Módulo de coluna de permuta iónica, Tecnologia de mistura e homogeneização hidrodinâmica na produção de confeitaria, Tecnologia de mistura e homogeneização hidrodinâmica na produção de confeitaria

Anotação

Transformação inovadora das caraterísticas do ecossistema e da infraestrutura do objeto inteligente da produção moderna de produtos de confeitaria num supersistema combinado desenvolvido com subsistemas interligados de controlo em linha em tempo real, incluindo o ecossistema e a infraestrutura de módulos integrados de fornecimento de energia e tratamento de água;

Equipamentos, ferramentas e instrumentos tecnológicos inteligentes completos especiais para a produção de elementos de ecossistema e de infra-estruturas de instalações de produção de confeitaria inteligente e seus equivalentes técnicos clássicos gerais com gentrificação complexa de ecossistemas de zonas e territórios industriais com revitalização da arquitetura e reconstrução geral do ambiente de funcionamento de equipamentos e ferramentas tecnológicos especiais, adaptados ao máximo ao complexo de produção de confeitaria ultra-limpa;

Técnica, tecnologia e design na formação de sistemas de construção e infra-estruturas inerentes a fábricas inteligentes e linhas de fluxo de complexos de produção de confeitaria e seus equivalentes inovadores criados de acordo com as previsões de desenvolvimento e criados em indústrias relacionadas, permitindo realizar o ciclo de trabalho clássico completo como um exemplo - na regeneração e reciclagem de águas residuais e adaptação destas soluções técnicas às disposições clássicas de TRIZ e ARIZ, enquanto iniciam os processos de recriação, revitalização e restauração.

Índice

Introdução

Tratamento da água nas instalações de produção e de armazenamento com equipamento tecnológico e ferramentas especiais para completar a base da produção de confeitaria inteligente

Breve descrição das caraterísticas da tecnologia de tratamento eletroquímico da água para a sua posterior utilização na chamada confeitaria inteligente, empresas médicas inteligentes, laboratórios biológicos e microbiológicos; opções de utilização desta tecnologia em condições domésticas:

1. Uma breve introdução à tecnologia;

1.1. A versão proposta da tecnologia é um processo eletroquímico de influência sobre a água ou solução aquosa, passando por um volume de eléctrodos ligados a uma fonte de corrente contínua e separados por uma membrana neutra;

1.2. Os contactos que fornecem o potencial elétrico ao volume do elétrodo são feitos de materiais não metálicos quimicamente resistentes e são permeáveis em todo o seu volume à água e às soluções aquosas;

1.3. Os eléctrodos são permeáveis à água e às soluções aquosas em todo o seu volume e são feitos de materiais não metálicos, quimicamente resistentes e quimicamente compatíveis com o material dos contactos eléctricos;

1.4. O processo de tratamento da água ou solução aquosa ocorre durante a sua passagem através do volume do elétrodo, com o líquido a passar através do volume do elétrodo sob a influência de forças gravitacionais num fluxo ascendente dirigido;

1.5. Os eléctrodos estão dispostos verticalmente e a entrada de fluido para o volume interno dos eléctrodos está na parte inferior e a saída de fluido está na parte superior;

1.6. O tempo durante o qual o líquido se encontra no volume interno dos eléctrodos é o tempo em que o líquido é afetado e a duração deste efeito determina o nível e a profundidade do efeito no desempenho e nos parâmetros da água tratada ou da solução aquosa;

1.7. O dispositivo para o tipo proposto de tratamento de água e soluções aquosas é uma célula de eléctrodos com dispositivos de entrada e saída de fluido, ligados a uma fonte de potencial elétrico;

1.8. Uma vez que se trata de uma aplicação local da tecnologia, a dimensão e a capacidade previstas da instalação são reduzidas; o principal parâmetro distintivo da gama de dimensões destas instalações é a sua capacidade, que varia entre 50 e 250 litros por hora;

1.9. As unidades são versáteis e os seus produtos podem ser os seguintes tipos de água especialmente tratada - água com nível de acidez aumentado; - água com nível de acidez diminuído; - água alcalina para utilização em várias tecnologias e equipamentos médicos; - água ácida para utilização em várias tecnologias e equipamentos médicos; - água purificada de bactérias e microrganismos;

1.10. As unidades podem também ser utilizadas para a desinfeção eletroquímica de efluentes de laboratórios e blocos operatórios em hospitais e centros de investigação;

2. Parâmetros e propriedades da água e das soluções aquosas tratadas pelo método proposto

2.1. Os parâmetros da água com acidez aumentada são determinados principalmente pelo nível de Ph; para a água da torneira inicial com Ph=7 unidades, após o tratamento é possível obter água com Ph=3 unidades em cerca de metade do volume inicial;

2.2. Os parâmetros da água com acidez reduzida são também determinados pelo nível de Ph; separando a água inicial com Ph neutro=7 unidades é possível obter, após o tratamento, água com pH=10 unidades a cerca de metade do volume inicial;

2.3. Na água com um nível de acidez aumentado, em regra, numa combinação de dois tipos de influência - eletroquímica devido à elevada densidade de corrente e ao aumento eletroquímico do nível de acidez - são destruídas 100% de todas as bactérias e microorganismos;

2.4. O nível de acidez pode ser ajustado para os valores necessários, alterando os modos de corrente eléctrica e alterando o caudal e a capacidade do dispositivo;

2.5. Os parâmetros dos pontos 2.1, - 2.4. - surgem num dispositivo com eléctrodos simétricos e duas entradas e saídas da célula de eléctrodos;

2.6. Também está contemplada uma forma de realização de um dispositivo com eléctrodos assimétricos, em que, no caso de um aumento do volume do ânodo, um elétrodo com um potencial elétrico positivo, se obtém um aumento da acidez, e no caso de um aumento do volume do cátodo, um elétrodo com um potencial elétrico negativo, se obtém uma diminuição do nível de acidez em todo o volume da água tratada ou solução aquosa;

2.7. Se forem utilizados eléctrodos simétricos, é possível recircular um dos fluxos para um novo tratamento, se necessário;

3. Exemplos de aplicações da água tratada com a tecnologia proposta:

3.1. Água com um elevado nível de acidez; água utilizada para a desinfeção de salas em hospitais; para o tratamento sanitário antibacteriano do corpo dos pacientes;

3.2. A água obtida após a instalação de osmose inversa, tratada para reduzir o nível de acidez, pode ser utilizada em autoclaves para produzir vapor sem propriedades corrosivas;

3.3. A água com um baixo nível de acidez pode ter uma vasta gama de utilizações para feridas de queimaduras, gargarejos e prevenção de queimaduras solares;

3.4. O efluente aquoso e desinfectado pode ser descarregado no sistema de esgotos;

3.5. A água desinfectada pode ser utilizada para diversos fins;

4. Caraterísticas do dispositivo:

4.1. A caixa do dispositivo é feita de materiais poliméricos, principalmente cloreto de polivinilo;

4.2. Toda a conceção da tubagem é feita a partir de componentes normalizados e pode ter muitas variações, conforme exigido pelo cliente;

4.3. Os eléctrodos são feitos de um material composto, lã de carbono;

4.4. Os dispositivos de contacto são feitos de tecido de carbono adicionalmente saturado com carbono;

Tratamento eletroquímico de águas residuais industriais para as purificar de iões de metais pesados e para permitir que a água tratada seja reutilizada repetidamente em modo de recirculação numa instalação de produção, de escritório ou de armazenamento renovada

1. Tratamento de águas residuais industriais de metais pesados;

O principal problema na produção industrial moderna é a necessidade de utilizar água para processos tecnológicos e de manter o nível necessário de qualidade da água durante o processo tecnológico; devido ao facto de ser impossível manter o nível necessário de qualidade da água durante muito tempo, a água utilizada é removida do processo e é introduzida nova água com as propriedades e parâmetros necessários para o processo; devido ao facto de o custo da água estar constantemente a aumentar, está a ser feita a procura de formas de reutilizar os recursos hídricos.

2. Materiais informativos sobre a produção global associada à geração de resíduos sob a forma de soluções aquosas contendo iões metálicos;

Para se ter uma ideia da quantidade total de água que precisa de ser processada e tratada, a título de exemplo, o consumo de água para sistemas de ar condicionado com permutadores de calor arrefecidos a água, por exemplo em Israel, é de cerca de 150000000 metros cúbicos por ano;

3. Classificação geral das águas residuais; local das instalações restauradas nesta classificação;

As águas residuais das empresas industriais dividem-se em:

- águas que não contêm metais na forma iónica;
-águas que contenham metais sob forma iónica em concentrações até 1 grama por litro;

-águas que contenham metais em concentrações até 5 gramas por litro;

-águas que contenham metais em concentrações até 10 gramas por litro;

-águas que contenham metais em concentrações superiores a 10 gramas por litro;

Em todos os casos acima referidos, os iões metálicos podem apresentar-se em estado puro ou sob a forma de complexos químicos de metais e de diversos materiais e compostos não metálicos, incluindo orgânicos;

para instalações restauradas são capazes de ter um impacto real em todos os tipos e classes de águas residuais, incluindo águas sem metais, em termos de correção da acidez e alcalinidade e turbo-flotação para separar ou separar componentes condutores e não condutores da solução aquosa;

4. Classificação das soluções técnicas para o tratamento de águas residuais; métodos de tratamento de águas residuais de metais;

São conhecidos cerca de 16 métodos tecnológicos diferentes para o tratamento de águas residuais que contêm metais;

O método mais comum é o método de tratamento com reagentes, em que a soda cáustica é adicionada à água para aumentar a alcalinidade até um nível em que os hidróxidos metálicos começam a precipitar;

Os métodos artificiais de coagulação e floculação podem ser ignorados, uma vez que os seus critérios económicos não resistem a qualquer crítica devido ao seu elevado custo;

O método de eletrocoagulação pode competir com o método de reagentes acima mencionado em termos de custo e eficiência; este método tornou-se recentemente mais popular, especialmente para instalações de produção de alta tecnologia, mas não pode resolver todos os problemas existentes; a transição para o sistema de eletrocoagulação nas condições da empresa que opera o método de purificação de reagentes está associada a despesas de capital significativas, não resolvendo em princípio todos os problemas; Todos os métodos conhecidos não resolvem o problema da purificação da água para efeitos da sua utilização múltipla e, consequentemente, o problema da necessidade de reduzir o consumo de água para as necessidades tecnológicas;

5. Qual é o grau de popularidade das actuais tecnologias de purificação da água?

Como mencionado acima, a tecnologia mais comum é o tratamento de águas residuais com base em reagentes; recentemente, a tecnologia de eletrocoagulação está a começar a ganhar popularidade;

6. Introdução e descrição dos limites do âmbito das tecnologias propostas; quem está a implementar tecnologias semelhantes hoje em dia? A quem é que o restaurador industrial e de armazéns deve retirar o mercado?

Estas tecnologias são praticamente aplicadas em todas as empresas que utilizam a água para necessidades tecnológicas; existe um grande número de empresas integradoras locais que, utilizando os princípios gerais de tratamento, em função das condições do consumidor, constroem sistemas de tratamento; os grandes consumidores, como a INTEL, recorrem aos serviços de grandes empresas que concentram toda a gama de tecnologias para o tratamento da água, mas estas grandes empresas, como a VIVENDI, em França, utilizam os serviços das empresas integradoras locais no local, utilizando-os nos seus próprios sistemas de tratamento da água.

7. Que nichos de mercado estão vagos, por que razões e como um restaurador industrial ou de armazém os pode ocupar;

A maior parte das tecnologias utilizadas nos processos de tratamento e purificação da água são baseadas em reagentes; o nicho sem tecnologias baseadas em reagentes está praticamente livre; mais livre ainda é o nicho sem tecnologias baseadas em reagentes que não conduzam à geração de resíduos difíceis de eliminar; praticamente não existem hoje tais tecnologias no mercado e 7 módulos tecnológicos de restauradores industriais ou de armazéns, com todas as modificações e configurações de layout, permitem e dão motivos para contar com o preenchimento do nicho com tecnologias baseadas em reagentes.

8. Quem são os principais concorrentes actuais da tecnologia de fabrico e dos restauradores de armazéns;

Atualmente, as tecnologias propostas pelos restauradores não são utilizadas noutros locais, devido à novidade essencial destas tecnologias; uma vez utilizados os elementos da tecnologia proposta pelos restauradores, os concorrentes mais prováveis serão grandes empresas como a ZENON no Canadá e a VIVENDI em França; especialmente novo é o método proposto pelos restauradores de formação de espuma aerodinâmica e a consequente separação das fracções condutoras e não condutoras no fluxo da água tratada ou da solução aquosa; atualmente, este ensaio está a ser realizado na água ou na solução aquosa.

9. Quais são as tecnologias semelhantes à tecnologia proposta pelos restauradores e qual é a diferença essencial entre a tecnologia proposta pelos restauradores e as existentes, quais são as vantagens e as perspectivas de desenvolvimento;

As tecnologias mais avançadas para o tratamento de águas residuais contendo metais utilizadas atualmente são as tecnologias de eletrocoagulação; apesar de toda a sua diferença positiva em relação aos métodos reagentes mais antigos, a eletrocoagulação não resolve todos os problemas agudos que os processos de tratamento de água enfrentam e tem uma série de desvantagens significativas, que são eliminadas na tecnologia complexa proposta pelos restauradores; a principal vantagem da tecnologia proposta pelos restauradores - um dos quais é o autor desta publicação - é a seguinte - ausência da necessidade do processo de sedimentação; - ausência de resíduos tóxicos que requerem métodos complicados e dispendiosos de eliminação; - insensibilidade do processo ao nível de acidez na água tratada e ausência da necessidade de correção desta acidez; - universalidade dos módulos electroquímicos - reactores, permitindo a sua modificação simples e barata para condições específicas no consumidor, - personalização, preservando os princípios tecnológicos e construtivos básicos; - possibilidade de unificação avançada de módulos - reactores; - possibilidade de unificação profunda de módulos - reactores. -

10. Descrição do dispositivo proposto; gama de dimensões; desempenho; aplicações possíveis;

É oferecido um complexo de módulos tecnológicos, cada um dos quais é um objeto independente de equipamento tecnológico, capaz de funcionar como parte de qualquer linha tecnológica para tratamento de água e soluções aquosas; no total, são oferecidos 7 tipos de módulos tecnológicos, cada um com um certo número de modificações e categorias de tamanho;

Os módulos propostos têm as seguintes caraterísticas tecnológicas: módulos para a acumulação de líquido antes e depois do tratamento; estes módulos são tanques cilíndricos com uma base cónica e incluem sensores de nível, temperatura, acidez ou alcalinidade, agitadores e outros instrumentos e dispositivos normalizados, dependendo da configuração da linha de processo;

Módulos de filtração combinados com permuta iónica e outros tipos de tratamento; estes módulos têm dois modelos básicos, um para a filtração de entrada e outro para a filtração final; estes módulos variam em modificações e categorias de tamanho e são tecnologia original da empresa do autor;

Módulo de turbo-flotação aerodinâmico; utiliza um gerador de espuma aerodinâmico para gerar espuma no fluxo dinâmico ascendente do fluido tratado; o módulo e todos os seus elementos tecnológicos e de design são tecnologia original da empresa do autor;

O módulo é um reator de tratamento eletroquímico; é o principal módulo tecnológico do complexo; tem 12 versões para diferentes aplicações; é uma tecnologia original da empresa do autor da publicação;

Módulo - coluna para tratamento por permuta iónica; o módulo é capaz de trabalhar com materiais de permuta iónica sintéticos e naturais, em combinação ou não com outros materiais; o módulo é uma tecnologia original da empresa do autor da publicação;

Todos os módulos acima referidos têm várias gradações de diferentes capacidades - 500 litros por hora; 750 litros por hora; 1000 litros por hora; 1250 litros por hora; 1500 litros por hora; os 7 módulos acima referidos podem ser utilizados para constituir linhas tecnológicas de regeneração e reciclagem de água em vários processos tecnológicos; a configuração das linhas, graças ao design modular, tem um elevado nível de layout e flexibilidade tecnológica; graças à completa autonomia dos módulos, estes podem ser integrados em linhas de tratamento de água existentes; o mesmo é possível em combinações dos módulos.

11. Manutenção de instalações;

Os módulos propostos pelo autor da publicação são concebidos de forma a minimizar as operações de manutenção e de controlo operacional; os módulos podem ser controlados em modo totalmente automático ou em qualquer outra variante menos complexa; em todos os módulos, a manutenção de rotina reduz-se à substituição de elementos tecnológicos descartáveis; o tempo necessário para estas operações é reduzido ao mínimo e estas operações não requerem uma formação especial dos operadores; existe a possibilidade de controlo remoto, o que é muito importante.

12. Fabrico de plantas; custo de produção; opções de comercialização; custo das opções; preços no consumidor;

Para o fabrico de módulos não são necessários materiais, componentes e tecnologias especiais; qualquer empresa de engenharia de média dimensão é capaz de organizar o fabrico e a montagem de módulos; dado que a estrutura de todos os equipamentos propostos pelo autor da publicação é modular, e cada módulo é um aparelho funcionalmente completo e autónomo, a produção em série aumenta, o que afecta positivamente o custo de produção; devido ao elevado grau de unificação dos desenhos dos módulos, existe a possibilidade de fabricar diferentes

O autor da presente publicação considera necessário descrever os elementos mais importantes das tecnologias descritas

Reator eletrolítico para a produção de uma solução aquosa de oxigénio e hidrogénio por eletrólise;

1. Equipamento
2. Metodologia
3. Montagem no sistema de combustível
4. Caraterísticas de design distintivas
5. Caraterísticas tecnológicas distintivas
6. Vantagens decorrentes das caraterísticas da conceção
7. Vantagens decorrentes das caraterísticas tecnológicas
8. Análise comparativa com soluções técnicas conhecidas que visam a realização de uma tarefa semelhante
9. Desempenho económico potencial
10. Redação inicial dos pedidos

10.1. Um aparelho para modificar energeticamente uma mistura de combustível antes de esta ser introduzida numa câmara de combustão, compreendendo

- Depósito de combustível com bomba de combustível ligada à tubagem de combustível;

- Um dispositivo montado na linha de combustível para tratamento hidráulico e pneumático sequencial e mistura em vórtice dos componentes da mistura de combustível com gás comprimido oxidante, com a saída do dispositivo ligada à entrada do injetor de combustível;

- Sistemas para fornecer componentes adicionais de combustível a uma área do referido dispositivo em que é criada uma pressão reduzida;

- Sistemas de alimentação de gás comprimido oxidante na zona do referido dispositivo de fixação, que permite criar uma pressão reduzida;

- Um tanque de armazenamento de solução aquosa ligado à entrada da saída de condensado do sistema de ar condicionado e à saída da entrada do reator eletrolítico;

- Um reator eletrolítico vertical com pelo menos um par de eléctrodos ligados a uma fonte de corrente eléctrica contínua, uma entrada e uma saída na parte inferior e duas saídas na parte superior;

- Sistemas de armazenamento e alimentação de produtos de eletrólise gasosa num sistema de fornecimento de componentes adicionais de combustível para a área de fixação onde é criada uma pressão reduzida;

- Um sistema para descarregar uma solução aquosa do espaço entre os eléctrodos para uma saída situada na parte inferior de um reator eletrolítico vertical, em que pelo menos um dos eléctrodos do referido reator é cilíndrico, feito de um material não metálico permeável à solução aquosa e instalado verticalmente e concêntrico ao canal de saída na parte inferior do reator vertical, ligado a um dos canais de saída na parte superior do reator vertical, que também tem uma saída livre para a atmosfera;

10.2. Método para a modificação energética de uma mistura de combustível, antes do seu fornecimento a uma câmara de combustão, através da transformação do fluxo da mistura de combustível, formando uma zona de baixa pressão ao longo do fluxo da mistura para a câmara de combustão e introduzindo um componente adicional de combustível nesta zona, e subsequentemente misturando os componentes do combustível com um fluxo de ar comprimido e formando bolhas multicamadas no fluxo da mistura de combustível, e subsequentemente espuma a partir da mistura de combustível, compreendendo

- preparação de uma solução aquosa, para a preparação electrolítica de oxigénio e hidrogénio gasosos;

- introdução da referida solução aquosa no espaço interelectrodos entre os eléctrodos coaxiais, tendo o referido espaço a forma de uma espiral ascendente;

- aplicando potencial elétrico aos eléctrodos;

- assegurando o movimento da solução aquosa ao longo da espiral ascendente no espaço interelectrodos;

- decomposição electrolítica de uma solução aquosa com libertação de oxigénio e hidrogénio gasosos e movimento dos gases numa espiral ascendente no fluxo da solução aquosa;

- o transbordo da fração líquida da solução aquosa para o sistema de saída e a saída da mistura gasosa para o sistema de tubagens associado à zona despressurizada;

- que puxam os gases para a zona de baixa pressão e os misturam com o fluxo da mistura de combustível;

Comentários para além da matéria apresentada; questão - Eletroquímica,

Atualmente, as tecnologias electroquímicas são amplamente utilizadas na indústria para a eletrocoagulação de soluções aquosas resultantes de actividades económicas. O problema mais difícil é a extração ou purificação de metais pesados, que se encontram em soluções aquosas sob a forma iónica ou sob a forma de vários compostos solúveis em água. Existem várias tecnologias de eletrocoagulação mais ou menos eficazes, mas todas elas têm uma grande desvantagem: as lamas que permanecem após o tratamento devem ser eliminadas. Trata-se de um problema extremamente difícil, que anula o efeito positivo que se verifica quando se comparam as tecnologias de eletrocoagulação com as tecnologias de tratamento com reagentes de soluções aquosas.

O segundo problema, não menos grave, é o problema da sedimentação após o processo de eletrocoagulação. Este processo requer uma grande área de produção, não sofreu alterações até à data e é muito ineficaz. Não é adequado para as tecnologias modernas por uma série de razões bem conhecidas, o que torna necessário deslocar este processo para fora das áreas de produção de alta tecnologia.

A regeneração da água de processo e o retorno desta água ao processo de produção após a regeneração não é possível com os métodos antigos de tratamento de água.

Existe outra tecnologia que permite a deposição eletroquímica de metais pesados nos cátodos das células electroquímicas, utilizando tecnologias de deposição galvânica. Neste processo, o metal é obtido na forma sólida e não requer a eliminação de produtos de regeneração após o tratamento da água. Esta qualidade positiva não encontra um lugar para utilização na indústria devido a várias razões significativas:

- este processo só pode prosseguir com concentrações iniciais de metais pesados na ordem de, pelo menos, 5 gramas por litro;

- este processo não pode purificar a água até concentrações que permitam a sua reutilização;

- este processo depende das concentrações iniciais de óleo mineral e de substâncias orgânicas totais na água, ou seja, a sua presença reduz a velocidade e a eficiência do processo e não permite a sua aplicação em condições de produção automatizada;

- a manutenção deste tipo de equipamento é difícil e exige a paragem do equipamento principal do processo quando se efectuam operações de manutenção.

Assim, a fim de melhorar a eficiência do referido processo, prevê-se que:

- reduzir o limite de concentração inicial de metais pesados na água tratada para 0,01 gramas por litro;

- reduzir o limite de resíduos para 0,1 miligramas por litro;

- Fornecer uma opção descartável para a utilização de eléctrodos;

- Proporcionar um mecanismo de processo eficiente e compacto para a flotação ;

- fornecer na tecnologia dois processos tecnológicos, nos quais o processo de extração de metal é realizado no cátodo e no ânodo - o processo de neutralização e desinfeção de soluções aquosas;

- para realizar, em simultâneo com a recuperação de metais, o processo de redução e oxidação de componentes tóxicos em soluções aquosas;

Eletroquímica, comentários a seguir

É proposta uma nova tecnologia para a extração de metais pesados de águas de processo que contenham componentes eletricamente activos em pequenas concentrações na gama (para concentrações iniciais) de 5 gramas por litro a um mínimo de 0,01 gramas por litro e que conduzam a concentrações residuais inferiores a 0,1 miligramas por litro.

A conceção do equipamento utiliza electrolisadores com eléctrodos de fluxo com uma superfície de reação altamente desenvolvida, permitindo intensificar significativamente o processo de eletrólise. No projeto, estes electrolisadores são designados por Reator Eletroquímico (ECR).
Os eléctrodos porosos volumétricos de fluxo contínuo são o elemento de conceção que permite alcançar os parâmetros de desempenho pretendidos.

O processo de eletrólise, que é também um dos principais elementos da nova tecnologia, é o seguinte

- A solução aquosa tratada é bombeada através dos poros dos eléctrodos, pelo que o metal é concentrado no volume do cátodo e pode então ser produzido como lingote, folha ou concentrado por métodos pirometalúrgicos, electroquímicos ou químicos;

- As câmaras de eléctrodos do reator eletroquímico estão separadas por uma membrana de permuta iónica ou neutra, o que permite a sua alimentação autónoma com soluções e a utilização eficiente de dois processos de eléctrodos, por exemplo, catódico para extração de metais e anódico para neutralização da solução.

Como materiais para a construção do elétrodo, propõe-se a utilização de tecido compósito não tecido para o volume principal de absorção de metal (material de carbono-grafite) e, o que é muito importante e tem um estatuto pioneiro como invenção, a aplicação de contactos elásticos permeáveis feitos de compósito carbono-carbono, sob a forma de tecido compósito de carbono feito por pirólise.

Com um consumo máximo de 10 amperes de corrente por 1 decímetro quadrado da superfície convencional do elétrodo e uma tensão de 6-12 volts, a tecnologia proposta ultrapassa em 100 vezes todas as tecnologias conhecidas em termos de rapidez e qualidade de extração de metais, com uma dimensão equivalente à do reator eletroquímico.

Caracterização técnica presumida :

Carga DC, Amperes, - REACTOR);	150 A (POR ELECTROQUÍMICO
Tensão,-	6-12 volts;
Número de câmaras anódicas,-	1;
Número de câmaras catódicas,-	1 ;
Número máximo	
Metal depositado no cátodo	
Electrolyser, -	8kg ;
Percentagem de recuperação de metais, %,-	99,5 ;
Produtividade,-	0,3 metros cúbicos por hora ;

Pomegranate & Plum Sauce
MADE WITH 100% PURE HONEY
style
yogurt
with
honey
8 oz. (226g)
ALL NATURAL INGREDIENTS

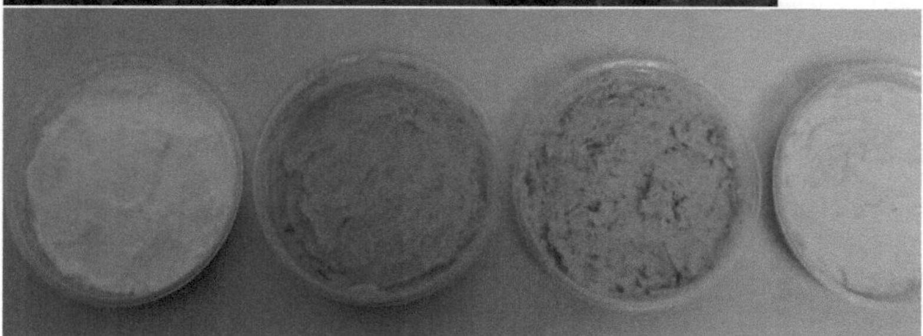

É um mito comum que a manteiga é prejudicial devido ao seu elevado teor de colesterol.

Mas o colesterol, como tal, não é perigoso, pelo contrário - necessário para o corpo, distúrbios metabólicos perigosos como resultado do qual o colesterol começa a depositar-se nas paredes dos vasos sanguíneos.

Não é possível que o consumo de manteiga possa causar consequências tão graves.

É boa para a visão, os oftalmologistas chamam-lhe mesmo prolongar a juventude dos olhos, e a manteiga também contém ácidos gordos e numerosas vitaminas.

Os nutricionistas recomendam que as pessoas saudáveis comam 10 g de manteiga fresca por dia - esta quantidade está dentro da tolerância calórica.

A manteiga deve ser consumida na sua forma natural - a fritura perde mais de 50% dos nutrientes, as vitaminas são destruídas e os ácidos gordos insaturados úteis transformam-se em ácidos gordos saturados prejudiciais.

A manteiga não é apenas nutritiva, mas também benéfica para a pele, o cabelo, a visão, os ossos e o tecido muscular. É rica em vitaminas, cálcio e contém fosfolípidos, que são essenciais para a construção das células, especialmente das células nervosas.

Além disso, a manteiga contém aminoácidos essenciais - substâncias necessárias para o funcionamento normal do organismo, que só podem ser obtidas através da alimentação.

Portanto, não há dúvida sobre a utilidade da manteiga. Só temos de nos lembrar que, quando a derretemos numa frigideira, já não tem vitaminas. É por isso que é preferível colocar um pouco de manteiga em alimentos já cozinhados

É claro que a manteiga também contém colesterol. Mas só se torna prejudicial com o consumo imoderado de alimentos gordos e, em pequenas doses, é mesmo necessário, porque participa na construção das paredes dos vasos sanguíneos.

Assim, uma ou duas sandes de manteiga fresca por dia não podem prejudicar a nossa saúde.

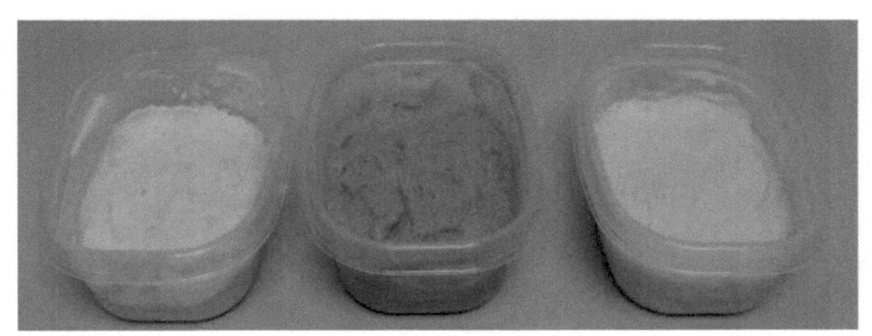

São conhecidos 20 princípios e atributos básicos que revelam e explicam as propriedades únicas da manteiga:

1. A manteiga é rica na forma mais facilmente absorvida de vitamina A, que é essencial para o funcionamento normal da tiroide e das glândulas supra-renais

2. A manteiga contém ácido láurico (láurico), cuja presença é extremamente importante do ponto de vista da prevenção e da prevenção de infecções, bem como na acumulação de mecanismos biológicos de resistência às infecções

3. A manteiga contém lecitina, a base para estabilizar o mecanismo biológico de formação do metabolismo do colesterol.

4. A manteiga contém antioxidantes que protegem o organismo da degradação biológica espontânea e radical

5. A manteiga tem antioxidantes na sua composição que protegem o sistema circulatório do corpo contra o enfraquecimento e o afinamento das paredes

arteriais.

6. A manteiga é uma fonte importante e eficaz de vitaminas E e K, extremamente benéficas.

7. A manteiga é uma fonte biológica muito rica e única de selénio, um mineral vital para o organismo.

8. As gorduras animais saturadas da manteiga têm fortes propriedades que influenciam a inibição da formação de vários tumores e cancros.

9. A manteiga contém aminoácidos, que são agentes poderosos na prevenção da formação de tumores cancerígenos, estimulando o desenvolvimento dos músculos, e um estimulante para a restauração e inviolabilidade do sistema imunitário.

10. A vitamina D presente no azeite afecta significativamente o processo de absorção do cálcio.

11. A manteiga protege contra a cárie do esmalte dos dentes.

12. A manteiga é a única fonte de um fator que protege contra o endurecimento das articulações.

13. O fator de ácidos gordos na manteiga também previne a calcificação das artérias, riachos e o endurecimento das glândulas.

14. A manteiga é uma fonte de Activator X, que ajuda o corpo a absorver micronutrientes benéficos.

15. A manteiga contém iodo numa forma muito absorvível.

16. A manteiga pode promover as funções reprodutivas do corpo da mulher.

17. A manteiga é uma fonte de energia rápida.

18. O colesterol positivo encontrado na gordura do leite é muito importante para o desenvolvimento do cérebro e do sistema nervoso das crianças.

19. A manteiga contém ácido araquidónico (AA), que desempenha um papel importante no funcionamento do cérebro e é um componente vital das células.

20. A manteiga protege o organismo de infecções gastrointestinais em tenra idade ou na velhice

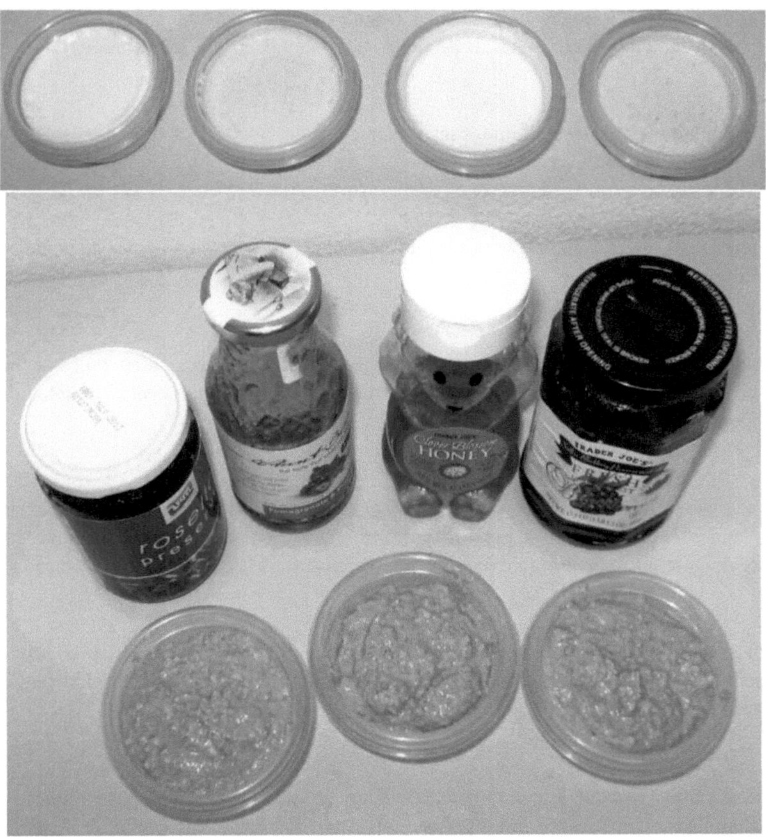

O autor desta publicação e criador de tecnologia oferece-lhe uma tecnologia inovadora de grupos complexos para a produção de compostos alimentares especialmente puros para os seguintes grupos de produtos:

Composição alimentar homogeneizada Meta-Pure - nata

Composição alimentar homogeneizada Meta-Pure - manteiga

Consoante a versão e a estratégia de introdução destes produtos no mercado, a empresa - parceira do autor desta publicação tem os direitos do titular da patente e pode conceder licenças para o direito de utilização das seguintes tecnologias universais, incluindo nanotecnologias com elementos de inteligência artificial e redes neuronais artificiais: Tecnologia de controlo ativo em linha, sem contacto, em tempo real, da composição dos componentes de produtos inovadores e da sua concentração em líquidos, incluindo o leite de vaca, bem como o controlo do número de células somáticas e de vinte outros componentes e parâmetros básicos do leite de vaca;

Tecnologia de lavagem, esterilização e desinfeção sem reagentes de condutas de processo e contentores em linhas de produção de produtos lácteos e de confeitaria;

Tecnologia de fermentação homogénea dinâmica tridimensional de produtos lácteos e componentes de confeitaria;

Tecnologia de micro-aeração por vórtice de produtos lácteos e componentes de produtos de confeitaria;

Tecnologia do impacto cinético do choque hidrodinâmico harmónico pulsante no volume do líquido (incluindo leite, natas e natas ácidas e componentes líquidos de produtos de confeitaria);

Os produtos alimentares e de confeitaria, bem como os produtos farmacêuticos e, em certa medida, os cosméticos, representam um sector particularmente controlado em termos de qualidade no domínio da inovação dos inventores e das indústrias avançadas;

Acima de tudo, este domínio caracteriza-se pela necessidade de novos produtos e tecnologias inovadoras para cumprir plenamente as normas sanitárias e os regulamentos ambientais cada vez mais rigorosos e exigentes;

Deve reconhecer-se que este domínio tecnológico é muito influenciado pelas tradições, peculiaridades climáticas e culturais caraterísticas da região em que o produto de confeitaria inovador é oferecido ao consumidor;

Mas também é importante reconhecer que as inovações e invenções locais mais bem sucedidas, que têm aplicações não só na área limitada à alimentação, mas também em áreas de tecnologia geral, podem servir como impulsos eficazes no desenvolvimento progressivo de tecnologias de inovação integradoras.

HONEY
CROWN
Fresh
TWAROG

365
ORGANIC
Parsley
Nutrition Facts

Presumivelmente, uma dessas tecnologias é trazida à nossa atenção;

Nova tecnologia de mistura hidrodinâmica de diferentes componentes líquidos, com derrubada simultânea em modo dinâmico, periodicamente repetitivo, cinético desenvolvido com regeneração da energia cinética acumulada e sua transferência consecutiva para o processo

A tecnologia inovadora proposta é um processo de influência dinâmica sobre os componentes líquidos ou parcialmente consistentes a serem misturados e derrubados;

Os mais investigados, e muitas vezes em diferentes variantes utilizadas neste processo, são componentes de vários produtos lácteos;

A empresa-desenvolvedora (nome da empresa) realiza este tipo de investigação e desenvolvimento de equipamento tecnológico especial;

O objetivo do trabalho de investigação, desenvolvimento e conceção acima referido, bem como a formação de algoritmos e programas nutricionais, é encontrar novas formas para a produção de produtos alimentares compostos, compostos ou homogeneamente combinados, que não tenham ou tenham um teor mínimo de gordura e, pelo contrário, uma maior concentração de vitaminas e elementos biologicamente activos;

O objetivo adicional da realização do processo proposto é a possibilidade de, sem tratamento térmico e sem outros tipos de influência sobre o produto, como já foi dito, principalmente produtos lácteos ou ácido lático, mas também pode ser sob a forma de componentes de produtos de confeitaria, receber uma mistura ou mistura batida de componentes que, em condições normais, não se misturam de todo, ou se misturam mal ou não são estáveis;

Principais diferenças entre o processo de batedura da manteiga e os processos conhecidos para o mesmo fim :

- A trituração é efectuada num balão com a forma de um cilindro, fechado nas extremidades com tampas hemisféricas com orifícios cónicos no eixo;

- toda a estrutura constituída por um invólucro cilíndrico com afiações cónicas nas extremidades e duas tampas hemisféricas com chanfros cónicos na base e orifícios cónicos coaxiais no eixo, montados e selados por inserção nos orifícios cónicos das tampas, previamente alinhados com o invólucro cilíndrico por afiações cónicas nas extremidades e chanfros cónicos na base das tampas, - fixação, orientação, fixação e selagem do volume interno da referida estrutura, fixando dispositivos de fixação instalados

- Devido a estas caraterísticas de conceção, o processo de batedura ganha, a par de diferenças significativas, vantagens significativas na qualidade do produto obtido e nas possibilidades da gama tecnológica do processo de batedura de óleo;
- possibilidades adicionais no processo realizado com o dispositivo proposto:
- O volume em que o óleo é agitado é dobrável;

- no processo de desmantelamento, existe a possibilidade de penetração autorizada no volume interno, de introdução dos componentes da mistura a desmantelar, de remoção de resíduos ou de parte dos componentes do volume de trabalho;

- os orifícios cónicos das tampas hemisféricas contribuem para uma desagregação mais completa da mistura quando atingem o hemisfério interior das tampas, ou seja, desempenham uma série de funções combinadas, tais como ativação, combinação e orientação, selagem, fixação e, mais importante ainda, desempenham funções de

a câmara de vácuo de processo em ambos os lados da estrutura, tanto na saída como na entrada, consoante a posição do balão;

- a conceção especificada permite ter vários conjuntos de frascos num dispositivo para bater, o que permite, com uma duração relativamente curta do processo de bater, alterar a composição dos componentes para bater, incluindo a natureza da matriz de ácido lático, o grau do seu teor de gordura e outros parâmetros;

- os parâmetros hidrodinâmicos do processo de derrubada, sob a forma de elementos de balão, na presença de uma depressão esférica com um cone ativador no centro no final de cada deslocamento linear da massa derrubada, permitem aumentar significativamente a eficiência do processo de derrubada, o que se explica pelo facto de o volume da massa derrubada em cada golpe na tampa, que ocorre após meia volta da estrutura da trela, ser transformado, passando num período de tempo muito curto da forma cilíndrica para a forma esférica, ou seja, há um processo de deformação volumétrica ao mesmo tempo.

- o carácter de influência descrito sobre a massa a abater, devido ao facto de existir uma variedade cinética de tipos de alterações forçadas no volume e na forma geométrica da massa a abater, sob a influência de muitos factores de força causados pela combinação e concentração de movimentos e cargas provocados tanto pela forma da geometria do balão como pelo carácter dos movimentos provocados pela cinemática do sistema do aparelho de abate de óleo.

A partir dos modelos apresentados de tampas hemisféricas, verifica-se que :

- a sua conceção é tecnologicamente avançada;
- são muito duráveis;
- são fáceis de manter;
- são higiénicos;
- Podem ser fabricados a partir de uma grande variedade de materiais;
- Para a mesma conceção de camisa cilíndrica, é possível ter diferentes variantes de coberturas, diferindo na inclinação da esfera e na profundidade do orifício cónico ao longo do eixo, mantendo a identidade dos elementos de junção da conceção.

Batedeira de manteiga - descrição dos princípios de aplicação

O aparelho de batedura de manteiga foi concebido para a batedura eficaz de manteiga a partir de matérias-primas com ácido lático, principalmente nata ácida e com baixo teor de gordura. Os testes preliminares do aparelho mostraram a possibilidade de bater eficazmente não só a nata azeda pura, mas também a nata azeda com vários aditivos, principalmente de origem vegetal.

Estes aditivos podem incluir os seguintes materiais:

- sumo de cenoura;
- puré de cenoura;
- sumo de tomate;
- pasta de tomate;
- salmoura de pepino;
- puré de pepino;
- puré de abacate;
- puré de kiwi;
- puré de pimentos doces;
- vários purés de courgette;

- Purés de frutos diversos - maçã, ameixa, pêssego, pera, alperce, ananás. Puré de frutos e legumes tropicais;

- várias combinações dos aditivos acima referidos , e em combinação com endro, alho, cebola, limão;

- com polpa de ameixa;

- compota de freixo negro; espinheiro marítimo e outras plantas de bagas medicinais;

- purés diversos de morangos, morangos, mirtilos; groselhas; framboesas; amoras; cálamo; groselhas e outras bagas;

A lista acima pode ser continuada e podem ser introduzidos vários legumes e frutas de áreas geográficas locais, também em várias combinações e combinações com produtos conhecidos.

É possível modificar o óleo através da introdução de gorduras vegetais durante o processo de mistura, a fim de alterar o equilíbrio das gorduras vegetais e animais no óleo;

A fim de alargar o âmbito de aplicação da batedeira de manteiga, a sua conceção permite-lhe ser adaptada de forma flexível para produzir manteiga com uma grande variedade de aditivos e numa grande variedade de volumes.

A versatilidade, ou seja, a capacidade de mudar rapidamente para a batedura de manteiga com outros componentes, é uma das principais vantagens operacionais da máquina e do próprio processo de batedura.

Uma disposição de um balão misturador com três elementos constituintes, dos quais o original e o que mais influencia os resultados da mistura e a obtenção de produtos comerciais com propriedades diferentes:

- camisa do balão misturador, com rebaixos cónicos nas flanges, para vedação do volume interno e simultaneamente para centragem e orientação volumétrica dos parâmetros geométricos do balão no espaço tridimensional, permitindo manter todas as relações espaciais geométricas, incluindo as relações das posições dos eixos do aparelho, no processo de mistura;

- tampa hemisférica superior convencional com duas superfícies cónicas situadas num eixo, destinada a centrar, orientar e vedar o volume interior do frasco e que permite introduzir todos os componentes necessários da composição inicial para a batida do óleo na parte superior, recebendo uma força axial para a fixação e a vedação local do frasco a partir do fixador com um orifício de sobreposição axial, quando a estrutura do frasco é montada e vedada.

- tampa hemisférica de fundo condicional, com três superfícies cónicas situadas num eixo, concebida para centrar, orientar, vedar e libertar os resíduos provenientes da deposição do volume interno do frasco e permitir que os resíduos gerados pelo processo de deposição do óleo sejam descarregados na parte inferior, recebendo a força axial de fixação e vedação local do frasco, do fixador com uma válvula de esfera, quando a estrutura do frasco é montada e vedada.

O processo de bater manteiga sem aditivos consiste nas seguintes operações :

Após a lavagem do ciclo de mistura anterior, o frasco e as tampas hemisféricas superior e inferior são preliminarmente alinhadas nas superfícies cónicas, colocadas no suporte e os fixadores começam a comprimir ao longo do eixo, até ao alinhamento completo das superfícies cónicas - duas na tampa superior e na camisa do frasco misturador e duas na tampa inferior e na camisa do frasco misturador. Em seguida, abrir o tampão de fecho do fixador superior e deitar o volume necessário de natas azedas no volume interior do frasco. Em seguida, fechar a rolha no fixador e começar a rodar a estrutura com o frasco. A nata azeda desloca-se ao longo do eixo da cavidade interior do frasco, efectuando um movimento completo com uma saliência no fundo da tampa por cada meia volta de rotação do quadro. Uma vez terminado o ciclo de batedura, pára-se o sistema, roda-se a estrutura e coloca-se o frasco na posição em que a tampa inferior se encontra no fundo, abre-se a válvula de esfera e despejam-se os resíduos da batedura da manteiga da cavidade interna do frasco. Em seguida, soltam-se as pinças e retira-se o frasco com as tampas da armação; depois, retiram-se as duas tampas e o óleo batido é retirado da cavidade cilíndrica interior da camisa do frasco misturador. Em seguida, lavam-se os três elementos constitutivos do frasco e instala-se um conjunto de substituição no seu lugar.

No caso de ser necessário introduzir aditivos ou uma combinação de aditivos no óleo, todos os componentes são introduzidos de acordo com o esquema acima descrito. Se for necessário introduzir os componentes sequencialmente ou em intervalos de tempo diferentes, a estrutura deve ser parada e o bujão de bloqueio deve ser aberto antes da introdução de cada um dos componentes. A possibilidade de introdução flexível de componentes no processo, com orientação por tempo ou pelo grau de preparação do óleo, ou por qualquer reação tecnológica, por exemplo, em caso de alterações de temperatura ou caraterísticas químico-tecnológicas, alarga significativamente a gama técnica e tecnológica do misturador de óleo.

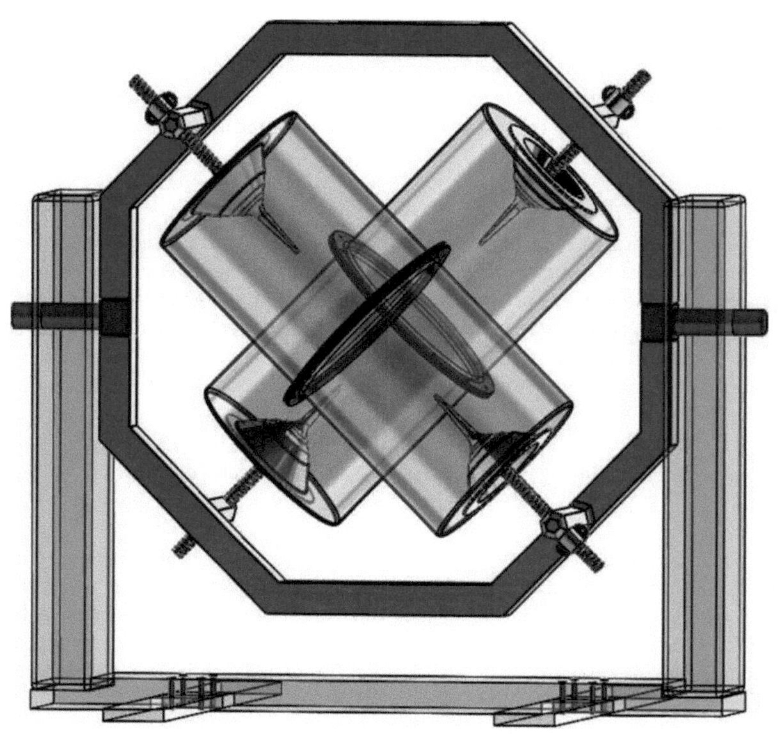

Apêndice 01

Existem 20 princípios e caraterísticas básicas que revelam e explicam as propriedades únicas da manteiga:

1. A manteiga é rica na forma mais facilmente absorvida pelo organismo de vitamina A, necessária para o funcionamento normal da tiroide e das glândulas supra-renais

2. Manteiga Contém ácido láurico, cuja presença é extremamente importante em termos de prevenção de infecções e de acumulação de mecanismos biológicos de resistência às infecções

3. A manteiga contém lecitina, a base para a estabilização do mecanismo biológico para a formação do metabolismo do colesterol.

5. A manteiga contém antioxidantes que protegem o organismo da degradação biológica espontânea e radical

6. A manteiga tem na sua composição antioxidantes que protegem o sistema circulatório do corpo do enfraquecimento e afinamento das paredes das artérias.

7. A manteiga é uma fonte importante e eficaz de vitaminas E e K, extremamente úteis.

8. A manteiga é uma fonte biológica muito rica e única, vital para o selénio mineral do organismo.

9. As gorduras animais saturadas presentes na manteiga têm uma forte influência nas propriedades de prevenção da formação de uma variedade de tumores e cancro.

10. A manteiga contém aminoácidos, que são um poderoso agente que previne a formação de tumores cancerígenos, estimula o desenvolvimento dos músculos e estimula o fator de restauração da imunidade e da inviolabilidade.

11. A vitamina D encontrada no óleo afecta significativamente a absorção de cálcio.

12. A manteiga protege contra as cáries do esmalte dos dentes.

13. A manteiga é o único fator de origem que protege contra o endurecimento das articulações.

14. O fator presença de ácidos gordos na manteiga também previne a calcificação das artérias, riachos e o endurecimento das glândulas.

15. A manteiga é uma fonte de Activator X, que ajuda o seu corpo a absorver os minerais benéficos.

16. A manteiga contém iodo numa forma muito absorvida.

17. A manteiga pode promover as funções reprodutivas do corpo da mulher.

18. A manteiga é uma fonte de energia rápida.

19. O colesterol positivo que se encontra na gordura do leite é importante para o desenvolvimento do cérebro e do sistema nervoso da criança.

20. Manteiga contendo ácido araquidónico (AA), que desempenha um papel importante na função cerebral e é um componente vital das células.

21. A manteiga protege o organismo das infecções gastrointestinais nos mais jovens e nos idosos

LISTA DE LITERATURA UTILIZADA, PATENTES E LICENÇAS

APÊNDICE 1

Patente dos Estados Unidos **10,760,484.**
Alecu **1 de setembro de 2020**

Central eléctrica para aviões multi-motores com recuperação de calor

Resumo

São divulgadas centrais eléctricas ***multi-motoras*** para aeronaves e métodos de funcionamento associados. Uma central eléctrica ***multi-motor*** exemplar inclui um primeiro ***motor*** turboeixo e um segundo ***motor*** turboeixo configurados para acionar uma carga comum, como uma asa ***rotativa*** de uma aeronave; e um permutador de calor em comunicação térmica com um gás de escape do primeiro ***motor*** turboeixo e em comunicação térmica com o ar de pré-combustão do segundo ***motor*** turboeixo. O permutador de calor está configurado para permitir a transferência de calor dos gases de escape do primeiro ***motor de turbina*** para o ar de pré-combustão do segundo ***motor*** de turbina.

APÊNDICE 2

Patente dos Estados Unidos **10,760,471.**
Yamamoto , et al. **1 de setembro de 2020**

Dispositivo auxiliar de condução de máquinas para veículos

Resumo

É fornecido um dispositivo auxiliar de condução de máquinas para um veículo. O dispositivo auxiliar de condução de máquinas tem um primeiro rolo, um segundo rolo, um terceiro rolo, um quarto rolo e um quinto rolo. O primeiro rolo roda integralmente com um veio ***rotativo*** de um ***motor***. O segundo rolo roda integralmente com um eixo ***rotativo*** de um motor/gerador. O terceiro rolo roda integralmente com um eixo ***rotativo*** de uma máquina auxiliar. O quarto rolo está situado entre o primeiro e o segundo rolo. O quinto rolo que está sempre em contacto com o segundo rolo e o terceiro rolo. O atuador comuta o quarto rolo entre um estado de contacto com o primeiro e o segundo rolos e um estado de separação do primeiro e do segundo rolos.

ANEXO 3

Patente dos Estados Unidos **RE48,173**
Takahashi , et al. **25 de agosto de 2020**

Dispositivo de condução de veículos

Resumo

Um dispositivo de condução de veículos que inclui uma máquina eléctrica ***rotativa*** que funciona como fonte de força motriz de uma roda juntamente com um ***motor*** de combustão interna; um dispositivo de transmissão que está disposto .[.lado a lado em relação]. .Iadd.next .Iaddend.à máquina eléctrica ***rotativa*** numa direção axial, sendo a direção axial uma direção na qual se estende um eixo de rotação .[.centre.]. da máquina eléctrica ***rotativa***; uma caixa que inclui uma primeira secção de caixa que acomoda a máquina eléctrica ***rotativa*** e uma segunda secção de caixa que acomoda o dispositivo de transmissão; um dispositivo inversor que controla a máquina eléctrica ***rotativa***; e uma estrutura de cablagem que liga a máquina eléctrica ***rotativa*** e o dispositivo inversor.

APÊNDICE 4

Patente dos Estados Unidos **10,753,313.**
Okagawa , et al. **25 de agosto de 2020**

Estrutura de suporte de peças rotativas para motor

Resumo

É apresentada uma estrutura de suporte para uma peça ***rotativa*** de um ***motor*** (2). A estrutura de suporte inclui metais de suporte do moente da manivela (14) e metais de suporte do pino da manivela (24, 124). Cada metal da chumaceira do moente da manivela (14) inclui chanfros (16) e porções coroadas (17). Por outro lado, cada metal de suporte da cambota (24, 124) inclui chanfros (26) e nenhuma porção coroada ou porções coroadas (127) na sua superfície periférica interior. As porções coroadas (127) estão inclinadas num ângulo menor do que as porções coroadas (17).

APÊNDICE 5

Patente dos Estados Unidos **10,731,548.**
Yoeda **4 de agosto de 2020**

Sistema de sobrealimentação mecânica

Resumo

Um sistema de sobrealimentação mecânica inclui uma transmissão escalonada que liga a cambota de um ***motor*** de combustão interna às rodas motrizes, um sobrealimentador centrífugo que inclui um veio de transmissão ***rotativo*** ligado à cambota, um dispositivo de relação de velocidade variável que altera a relação de velocidade entre o veio de transmissão rotativo e a cambota, sendo o dispositivo de relação de velocidade variável colocado entre a cambota e o veio de transmissão ***rotativo***; e um dispositivo de controlo configurado para controlar a relação de velocidade. O dispositivo de controlo aumenta a relação de velocidade durante a operação de aumento de velocidade mais do que a relação de velocidade antes do início da operação de aumento de velocidade.

ANEXO 6

Patente dos Estados Unidos **10,697,366.**
Liu , et al. **30 de junho de 2020**

Motor rotativo com cilindros de compressão e de potência ligados axialmente de forma direta

Resumo

É apresentado um ***motor rotativo*** com cilindros de compressão e de potência ligados axialmente de forma direta, que inclui um cilindro de compressão, um cilindro de potência, uma parede de cilindro intermédia localizada entre o cilindro de compressão e o cilindro de potência para servir de parede interna comum dos dois cilindros e uma unidade de câmara de combustão fixada a uma superfície circunferencial da parede de cilindro intermédia, de modo a que o ***motor rotativo*** tenha cilindros de compressão e de potência ligados axialmente de forma direta. Uma válvula rotativa do lado da compressão e uma válvula rotativa do lado da potência estão instaladas separadamente em duas superfícies de extremidade rebaixadas da parede intermédia do cilindro. A válvula rotativa do lado da compressão e a válvula rotativa do lado da potência estão equipadas com três aberturas em forma de L, respetivamente, a primeira e a segunda. A mistura ar-combustível comprimida no cilindro de compressão flui através das primeiras aberturas em forma de L para a câmara de combustão, e o gás de alta temperatura e alta pressão gerado após a explosão na unidade da câmara de combustão flui através das segundas aberturas em forma de L para o cilindro de potência.

ANEXO 7

Patente dos Estados Unidos **10,724,493.**
Choi , et al. **28 de julho de 2020**

Dispositivo para aumentar o binário da polia da cambota

Resumo

Um dispositivo para aumentar o binário de uma polia da cambota inclui: uma polia que rodeia a cambota e está ligada aos acessórios ***do motor***; um conjunto de engrenagens planetárias com primeiro, segundo e terceiro elementos ***rotativos***, em que o elemento ***rotativo*** está sempre fixo à polia, o segundo elemento ***rotativo*** está sempre fixo à cambota e o terceiro elemento ***rotativo*** funciona como elemento fixo seletivo uma embraiagem unidirecional disposta entre o primeiro elemento rotativo e o segundo elemento ***rotativo*** para transmitir a força de rotação apenas na direção do primeiro elemento ***rotativo*** para o segundo elemento ***rotativo***; e um primeiro rolamento disposto entre a cambota e o primeiro elemento ***rotativo***.

ANEXO 8

Patente dos Estados Unidos **10,598,087.**
Jeng , et al. **24 de março de 2020**

Método de otimização do tubo de admissão/saída para motores rotativos

Resumo

Um método de otimização do tubo de admissão/saída de um ***motor rotativo,*** compreendendo as etapas de: (A) fornecer um ***motor rotativo;*** (B) fornecer um pacote de software de simulação, para efetuar uma série de simulações para o ***motor rotativo*** de acordo com diferentes combinações de comprimento, diâmetro, forma e ângulo do tubo, para determinar uma combinação óptima de comprimento, diâmetro, forma e ângulo do tubo, para obter uma potência óptima para o ***motor rotativo*** e (C) efetuar ensaios para o ***motor rotativo***, utilizando a combinação óptima do comprimento do tubo, do diâmetro do tubo, da forma do tubo e do ângulo do tubo obtida na etapa (B), para obter uma potência de ensaio optimizada para ***o motor rotativo.***

ANEXO 9

Patente dos Estados Unidos **10,605,084.**
Gauvreau , et al. **31 de março de 2020.**

Motor de combustão interna com rotor de superfície periférica deslocada

Resumo

Um ***motor rotativo*** em que a cavidade do rotor tem uma superfície interna periférica com uma configuração peritrocóide definida por uma primeira excentricidade e o rotor tem uma superfície externa periférica com uma configuração de envelope interno peritrocóide definida por uma segunda excentricidade maior do que a primeira excentricidade. Além disso, um ***motor rotativo*** em que a cavidade do rotor tem uma superfície interior periférica com uma configuração peritrocóide definida por uma excentricidade e um rotor com uma superfície exterior periférica entre as porções adjacentes do vértice deslocada para o interior a partir de uma configuração de envelope interior peritrocóide definida pela excentricidade. O motor pode ter um rácio de expansão com um valor de, no máximo, 8. O ***motor rotativo*** pode fazer parte de um sistema de ***motor*** composto.

APÊNDICE 10

Patente dos Estados Unidos **10,612,544.**
Spencer , et al. **7 de abril de 2020.**

Dispositivo de palhetas rotativas com ímanes dispostos no rotor e no estator

Resumo

A presente invenção diz respeito a um dispositivo de palhetas rotativas e, mais particularmente, mas não exclusivamente, a um ***motor*** ou bomba de palhetas ***rotativas***. A invenção também diz respeito a um conjunto de rotor adequado para utilização num dispositivo de palhetas ***rotativas*** deste tipo. O conjunto do rotor inclui um corpo cilíndrico do rotor que inclui uma pluralidade de ranhuras de receção que se estendem longitudinalmente, o corpo cilíndrico do rotor inclui ainda um núcleo oco localizado radialmente para o interior das ranhuras de receção; e uma pluralidade de palhetas, sendo cada palheta deslizante dentro de uma ranhura de receção. O conjunto do rotor caracteriza-se pelo facto de as palhetas serem desviadas do rotor cilíndrico por meio de um conjunto magnético que inclui ímanes das palhetas situados nas palhetas e ímanes opostos do rotor situados no interior do núcleo oco do corpo do rotor.

ANEXO 11

Patente dos Estados Unidos **10,612,558.**
De Gaillard , et al. **7 de abril de 2020**

Conjunto rotativo de uma turbomáquina aeronáutica que inclui uma plataforma de pás de ventilador adicional

Resumo

Um conjunto ***rotativo*** de um ***motor*** de turbina de aviação inclui um disco de ventilador com pelo menos um dente e pelo menos uma plataforma montada no dente do disco do ventilador. O dente do disco da ventoinha inclui uma patilha que estende o dente axialmente para montante e a plataforma inclui um anel de bloqueio na sua extremidade a montante para receber a patilha do dente do disco da ventoinha. O conjunto inclui ainda um espaçador posicionado no interior do anel de bloqueio de modo a bloquear a plataforma na patilha do dente do disco do ventilador.

ANEXO 12

Patente dos Estados Unidos **10,677,498.**
Longsworth **9 de junho de 2020**

Motor de ciclo Brayton com elevada taxa de deslocação e baixa vibração

Resumo

Para fornecer refrigeração abaixo de 200 K, um ***motor*** de ciclo Brayton contém um pistão alternativo leve. O frigorífico inclui um compressor, um ***motor*** alternativo equilibrado em termos de gás com uma válvula ***rotativa*** a frio, um permutador de calor de contrafluxo, um volume de armazenamento de gás com válvulas que podem ajustar as pressões do sistema, um ***motor*** de velocidade variável e um sistema de controlo que controla a pressão do gás, a velocidade ***do motor*** e a velocidade do pistão. O ***motor*** está ligado a uma carga, como um criopanel, para bombear vapor de água, através de linhas de transferência isoladas.

ANEXO 13

Patente dos Estados Unidos **10,697,365.**
Thomassin , et al. **30 de junho de 2020**

Motor de combustão interna rotativo com sub-câmara de pilotagem

Resumo

Um ***motor rotativo*** com um inserto numa parede periférica do corpo do estator, sendo o inserto feito de um material com maior resistência ao calor do que a parede periférica, com uma subcâmara definida no mesmo e com uma superfície interior, comunicando a subcâmara com a cavidade através de, pelo menos, uma abertura definida na superfície interior e com uma forma que forma uma secção transversal reduzida adjacente à abertura, um injetor de combustível piloto com uma extremidade recebida na subcâmara, um elemento de ignição com uma extremidade recebida na subcâmara e um injetor de combustível principal que se estende através do corpo do estator e tem uma extremidade que comunica com a cavidade num local afastado da inserção. A subcâmara tem um volume correspondente a 5% a 25% da soma do volume mínimo e do volume da subcâmara. É também abordado um método de injeção de combustível pesado num ***motor*** Wankel.

ANEXO 14

Patente dos Estados Unidos **10,683,813.**
Sano , et al. **16 de junho de 2020**

Dispositivo de estrangulamento de tipo rotativo para motor de combustão interna

Resumo

Um dispositivo de estrangulamento de *tipo rotativo* para um ***motor*** de combustão interna inclui uma passagem de admissão auxiliar a montante formada num corpo do acelerador e com uma porta de entrada mantida em comunicação fluida com a atmosfera, e uma passagem de admissão auxiliar a jusante formada num corpo de válvula cilíndrico de uma válvula ***rotativa*** e com uma porta de saída aberta numa superfície circunferencial exterior a jusante do corpo de válvula cilíndrico. A passagem de admissão auxiliar a montante e a passagem de admissão auxiliar a jusante têm um orifício de comunicação de fluido da junta do lado do corpo e um orifício de comunicação de fluido da junta do lado da válvula, formados nas respectivas superfícies deslizantes do corpo do acelerador e do corpo cilíndrico da válvula e concebidos para se sobreporem um ao outro para manter as passagens de admissão auxiliares a montante e a jusante em comunicação de fluido entre si. Quando a válvula ***rotativa*** está aberta, um fluxo de ar de admissão principal que passa através de uma passagem de admissão na válvula ***rotativa*** flui suavemente para um melhor desempenho de admissão sem ser perturbado por um fluxo de ar de admissão auxiliar que flui para fora do orifício de saída de uma passagem de admissão auxiliar.

ANEXO 15

Patente dos Estados Unidos	**10,626,793.**
Radocaj	**21 de abril de 2020**

Motor acionado por pressão interna

Resumo

Um ***motor*** de combustão interna ou outro ***motor*** acionado por pressão interna do tipo capaz de converter movimento linear recíproco em movimento ***rotativo*** unidirecional, tendo ***o motor*** pelo menos um par de primeiro e segundo cilindros com cada cilindro tendo um par de pistões opostos formando uma câmara de pressão entre eles. As extremidades exteriores de cada pistão têm uma haste de pistão ligada a um braço pivotante de uma embraiagem unidirecional respectiva que faz com que a embraiagem oscile para a frente e para trás quando o pistão se move para dentro e para fora devido à pressão ou combustão na câmara de pressão. Em alternativa, as hastes do pistão podem ser configuradas como cremalheiras de engrenagens em contacto operacional direto com as engrenagens do pinhão das embraiagens de uma via. As embraiagens são paralelas e afastadas umas das outras perto de cada extremidade dos cilindros. Cada embraiagem tem uma engrenagem numa das extremidades que se engrena com um conjunto de cremalheiras com engrenagens e uma cremalheira que acciona uma cambota e um volante auxiliar ligados operacionalmente a um motor de arranque. Quando o motor de arranque é ligado, a energia cinética do volante e da cremalheira mantém as embraiagens de ligar/desligar em oscilação contínua. As embraiagens oscilantes fazem girar veios de transmissão unidireccionais ligados através de engrenagens de pinhão a um veio de saída principal e a um volante principal.

ANEXO 16

Patente dos Estados Unidos **10,669,038.**
Scannell , et al. **2 de junho de 2020.**

Sistema de admissão do motor com vedação integral da parede corta-fogo

Resumo

Uma forma de realização é um conjunto do plenum de admissão para uma aeronave ***rotativa*** que inclui um plenum de admissão definido, num primeiro lado, por uma parede do plenum de admissão e, num segundo lado, por um conjunto do firewall dianteiro, tendo o conjunto do firewall dianteiro uma abertura de admissão configurada para receber um veio de transmissão a acoplar rotativamente a um ***motor;*** e um vedante ligado ao conjunto do firewall dianteiro através de um retentor do vedante disposto em torno de uma periferia da abertura de admissão. O conjunto da parede corta-fogo dianteira pode ainda incluir uma porção superior da parede corta-fogo dianteira e uma porção inferior da parede corta-fogo dianteira, a porção superior da parede corta-fogo dianteira configurada para assentar de forma amovível na porção inferior da parede corta-fogo dianteira. O retentor do vedante pode ser fixado ao conjunto da parede corta-fogo dianteira através de uma pluralidade de parafusos dispostos à volta da periferia do retentor do vedante. Nalgumas formas de realização, o vedante está ligado a uma conduta de entrada do ***motor***.

ANEXO 17

Patente dos Estados Unidos **10,730,508.**
Hoshino , et al. **4 de agosto de 2020**

Veículo híbrido e método de controlo para veículo híbrido

Resumo

Um veículo está equipado com um sensor de binário configurado para detetar um binário, e que está disposto entre um ***motor*** de combustão interna e um primeiro dispositivo de comutação num primeiro percurso de transmissão. Quando o primeiro dispositivo de comutação é comutado de um estado desligado para um estado ligado, um dispositivo de controlo calcula uma diferença de binário entre um binário alvo do ***motor*** de combustão interna correspondente a um ponto especificado no primeiro percurso de transmissão e um binário detectado ou semelhante detectado pelo sensor de binário. Além disso, o dispositivo de controlo gera, numa primeira máquina eléctrica ***rotativa*** ou numa segunda máquina eléctrica ***rotativa***, um binário de compensação que compensa a diferença de binário.

Printed by Books on Demand GmbH, Norderstedt / Germany